ISSN 0371-327 X

SITZUNGSBERICHTE DER SÄCHSISCHEN AKADEMIE
DER WISSENSCHAFTEN ZU LEIPZIG

Mathematisch-naturwissenschaftliche Klasse
Band 117 · Heft 5

OTT-HEINRICH KELLER

DAS ZÄHLEN ALS ANGEBORENE VERHALTENSWEISE

AKADEMIE-VERLAG · BERLIN
1984

SITZUNGSBERICHTE DER SÄCHSISCHEN AKADEMIE DER WISSENSCHAFTEN ZU LEIPZIG

MATHEMATISCH-NATURWISSENSCHAFTLICHE KLASSE

Band 110

Heft 1 Prof. Dr.-Ing. Dr. h. c. PAUL GÖRLICH, Über die Laser und ihre Anwendung
1972. 24 Seiten – 8° – M 2,30

Heft 2 Prof. Dr. HASSO ESSBACH, Zum Problem der Tumoren im Kindesalter
1972. 24 Seiten – 11 Abbildungen auf 10 Kunstdrucktafeln – 8° – M 6,–

Heft 3 Prof. Dr. med. WALTER BREDNOW, Zur Anthropologie des Schwindels
1973. 17 Seiten – 2 Abbildungen auf 2 Kunstdrucktafeln – 8° – M 2,50

Heft 4 Prof. Dr.-Ing. Dr h. c. PAUL GÖRLICH, Betrachtungen über den Wissenschaftlichen Gerätebau
1972. 39 Seiten – 8° – M 3,–

Heft 5 Prof. Dr. ERICH RAMMLER, Einige Betrachtungen über Erdgas
1974. 43 Seiten – 8 Abbildungen – 3 Tabellen – 8° – M 4,50

Heft 6 Prof. Dr. GUSTAV E. R. SCHULZE, Zur Rolle des Einfachheitsprinzips im physikalischen Weltbild
1974. 23 Seiten – 4 Abbildungen – 8° – M 2,50

Heft 7 Prof. Dr. med. ROLF EMMRICH, Zwischen Leben und Tod. Ärztliche Probleme der Thanatologie
1974. 22 Seiten – 2 Abbildungen – 4 Tabellen – 8° – M 3,50

Band 111

Heft 1 Prof. Dr. WILHELM MAIER, Vom Erbe Bernhard Riemanns 1975. 16 Seiten – 8° – M 2,50

Heft 2 Prof. Dr. med. HANS DRISCHEL, Organismus und geophysikalische Umwelt
1975. 50 Seiten – 25 Abbildungen – 1 Tabelle – 8° – M 7,–

Heft 3 Prof. Dr. MARIA HASSE, Zum Begriff des allgemeinen Produkts von Kategorien
1975. 32 Seiten – 8° – M 5,–

Heft 4 Prof. Dr.-Ing. h. c. KURT SCHWABE, Analytische Probleme des Umweltschutzes
1975. 28 Seiten – 9 Abbildungen – 2 Tabelle – 8° – M 3,50

Heft 5 Prof. Dr. WOLFGANG BUCHHEIM, Die kopernikanische Wende und die Gravitation
1975. 36 Seiten – 2 Farbtafeln – 8° – M 5,–

Heft 6 Prof. Dr. HERMANN BERG, Photopolarigraphie und Photodynamic
1975. 19 Seiten – 2 Abbildungen – 2 Tabellen – 8° – M 3,–

Heft 7 Prof. Dr. MANFRED GERSCH, Probleme der Insektizide aus heutiger Sicht
1976. 36 Seiten – 9 Abbildungen – 2 Tabellen – 8° – M 4,–

Band 112

Heft 1 Prof. Dr. WALTER BREDNOW, Spiegel, Doppelspiegel und Spiegelungen – eine „wunderliche Symbolik“ Goethes 1975. 28 Seiten – 4 Abbildungen – 8° – M 3,–

Heft 2 Prof. Dr. ARTUR LÖSCHE, Über negative absolute Temperaturen. Eine Einführung
1976. 26 Seiten – 12 Abbildungen – 8° – M 4,–

Heft 3 Prof. Dr. med. HERBERT JORDAN, Kurorttherapie: Prinzip und Probleme
1976. 31 Seiten – 10 Abbildungen – 1 Tabelle – 8° – M 4,50

Heft 4 Prof. Dr. FRIEDRICH WOLF / Dr. PETER FRÖHLICH, Zur Druckabhängigkeit von Ionenaustauschreaktionen 1977. 13 Seiten – 6 Abbildungen – 1 Tabelle – 8° – M 2,–

Heft 5 Prof. Dr. DIETRICH UHLMANN, Möglichkeiten und Grenzen einer Regenerierung geschädigter Ökosysteme 1977. 50 Seiten – 20 Abbildungen – 2 Tabellen – 8° – M 6,50

Heft 6 Prof. Dr. ERICH RAMMLER, Zwei Jahrzehnte Entwicklung des Einsatzes der Energieträger Kohle und Erdöl im Weltmaßstab 1977. 29 Seiten – 6 Abbildungen – 4 Tabellen – 8° – M 4,–

Heft 7 Prof. Dr. ULRICH FREIMUTH, Umweltprobleme in der Ernährung
1977. 32 Seiten – 3 Abbildungen – 4 Tabellen – 8° – M 4,–

SITZUNGSBERICHTE DER SÄCHSISCHEN AKADEMIE
DER WISSENSCHAFTEN ZU LEIPZIG

Mathematisch-naturwissenschaftliche Klasse
Band 117 · Heft 5

OTT-HEINRICH KELLER

DAS ZÄHLEN ALS ANGEBORENE VERHALTENSWEISE

Mit 11 Abbildungen

AKADEMIE-VERLAG · BERLIN
1984

Vorgetragen in der öffentlichen Sitzung am 19. November 1982
Manuskript eingereicht am 2. Juni 1983
Druckfertig erklärt am 8. Mai 1984

Erschienen im Akademie-Verlag, DDR - 1086 Berlin, Leipziger Straße 3—4

Lizenznummer: 202 · 100/085/84
Printed in the German Democratic Republic
Gesamtherstellung: VEB Druckhaus „Maxim Gorki“, 7400 Altenburg
LSV 1015
Bestellnummer: 763 337 4 (2027/117/5)

00600

INHALTSVERZEICHNIS

1. Einleitung, Erläuterung der Behauptung 5
1.1. Zahlen als Erkenntnisse a priori 5
1.2. Zwei Arten von a priori 5
1.3. Ein Vergleich 7
1.4. Zählen bei den Tieren 8
1.5. Zahl und Zweck 9
1.6. Zwei Aspekte des Zählens bei ARISTOTELES 9

2. Kardinal- und Ordinalzahlen 11
2.1. Begriffe und Rechenregeln 11
2.2. Zweigleisiges Zählen 13
2.3. Intuitives Zählen 17
2.4. PLATON und ARISTOTELES 21

3. Das Ringen um einen logischen Aufbau der Zahlenlehre 22
3.1. HELMHOLTZ 23
3.2. KRONECKER 23
3.3. DEDEKIND und DEDEKINDsche Zahlen 24
3.4. CANTOR 26

4. Die Evolution der Zahlen 29
4.1. Vorstufen 29
4.2. Die Fulguration 32

Literatur 35

1. Einleitung, Erläuterung der Behauptung

1.1. Zahlen als Erkenntnisse a priori

2 mal 2 ist 4. Zweifeln Sie daran? Versuchen Sie doch bitte, einen Augenblick daran zu zweifeln! Denn man kann nur wirklich wissen, woran man einmal gezweifelt hat.

Ja, wenn wir es so genau, so unumstößlich genau wissen, woher wissen wir es denn eigentlich? Aus Erfahrung, weil wir es gelernt haben, sagen manche. Nun, ein Wissen aus Erfahrung ist immer vorläufig und jederzeit durch eine bessere Erfahrung korrigierbar. Vor 200 Jahren wußten die Königsberger aus 1000fältiger Erfahrung, daß Herr Professor KANT an jedem Werktagsmorgen pünktlich um 8 Uhr zur Universität ging. Aber jeder hielt es zwar nicht für möglich, aber doch für denkbar, daß er eines Tages später ginge.

Wenn wir etwa hören, daß in einem kleinen afrikanischen Dorf auf jeder Seite der Hauptstraße 2 Hütten stehen, wissen wir, daß es im ganzen 4 sind, ohne dort gewesen zu sein. KANT sagte, wir wissen es a priori.

Graben wir noch eine Schicht tiefer: Wir fragen einmal nicht nach einzelnen Rechenregeln, sondern nach den Zahlen überhaupt. Wie kommen wir dazu, zu zählen? Schon das ist ein Vermögen a priori, vor aller Erfahrung. Wir können von einer Menge von Sternen, etwa der Cassiopeia, überhaupt nur sagen, daß es 5 sind, wenn wir vorher schon wissen, was „fünf" ist. PLATON [5b] sagt: „Wir müssen also das Gleiche schon vor jener Zeit gekannt haben, wo wir zum ersten Mal die gleichen Dinge erblickten ..."

1.2. Zwei Arten von a priori

Woher kommen uns nun solche Erkenntnisse a priori? KANT stellte diese Frage nicht, konnte es nicht, weil die biologischen und die historischen Wissenschaften noch nicht so weit waren. Für uns heute sind zwei Antworten zur Wahl gestellt:

1. In jeder Kultur sind gewisse Grundsätze und Normen dogmatisch festgelegt. Sie werden von Generation zu Generation weitergegeben. Sie sind „tabu"; ein Zweifel daran ist verboten und nur gegen starke innere Widerstände, oft nur mit Schuldgefühlen möglich. Ich hörte von einer südindischen Kultur

mit Matriarchat. Dort gilt als unzweifelbare Wahrheit, daß Feldarbeit nur von Frauen verrichtet werden kann, weil nur Frauen imstande sind, etwas Lebendiges wachsen zu lassen. Diese Begründung ist logisch nicht zu widerlegen.

2. Dagegen gibt es Erkenntnisse, die uns vererbt sind im Sinne der Genetik. Sie sind uns im eigentlichen Sinne angeboren. EIBL-EIBESFELDT gab als Kriterium: Alles, was sich in allen Kulturen in der gleichen Weise findet und in der Geschichte keine Wandlungen erfährt, ist in unserer Erbanlage verankert. Nun, für die Kunst des Zählens und des Rechnens trifft dieses Kriterium zu: 2 mal 2 ist 4 für alle Völker, die überhaupt bis 4 zählen können, und war es, solange es Menschen unserer Art gab, also seit den Menschen in den Höhlen von Cro-Magnon. Das Zählen liegt in uns und ist uns nicht von der Außenwelt aufgedrängt.

Es hieße doch aber, KANT arg mißzuverstehen, wollte man das Zählen für ein müßiges Spiel unserer Phantasie halten. Selbstverständlich wußte KANT, daß wir durch das Zählen etwas Wichtiges aus der Wirklichkeit in den Griff bekommen. Unser Zählen ist das Organ dazu. Um die Wirklichkeit zu begreifen, bilden wir uns ein begriffliches Modell, das alles für uns Wichtige anzeigt. Die Zahlen sind ein unentbehrlicher Bestandteil dieses Modells. Vergleichen wir einmal das, was wir zählen, mit der Sonne. GOETHE sagt dazu:

Wär' nicht das Auge sonnenhaft
Die Sonne könnt' es nie erblicken.
Läg' nicht in uns des Gottes eigne Kraft
Wie könnt' uns Göttliches entzücken?

Und darf ich fortfahren:

Entbehrten wir des Zählens Meisterschaft
Wie wüßten wir von sieben Stücken?

Wieso stimmt denn nun unser Zählen, wieso kriegen wir dabei etwas von der Wirklichkeit in den Griff, und zwar zutreffend? Wir haben, wie gesagt, die Zahlen nicht von der Außenwelt übernommen. Sie haben sich in der Evolution herausgebildet, wohl durch Mutationen. Wenn eine solche Mutation nicht stimmt, dann hilft sie uns nicht, uns in der Welt zurechtzufinden, sondern hindert uns daran. Wenn eine Menschengruppe ein weniger passendes Zahlsystem hatte, konnte sie sich in der Welt nicht zurechtfinden und starb aus. In diesem Sinne sind unsere angeborenen geistigen Verhaltensweisen der Wirklichkeit angepaßt.

HERBART [10] sagte 1824 „Die Eins weiß man nicht zu erklären, und wenig fehlt, daß man sie für eine angeborene Idee hält.“ Meiner Ansicht nach fehlt gar nichts.

So möchte ich als erste These formulieren:

Das Zählen ist eine angeborene Verhaltensweise.

Freilich heißt das noch lange nicht, daß wir nun das Zählen von selber könnten. Wie alles, was uns angeboren ist, den aufrechten Gang, das Einfügen in eine soziale Struktur, die Sprache, müssen wir auch das Zählen mühsam lernen. Es bedurfte mühevoller Arbeit der Mathematiker von Jahrtausenden, um die Zahlwörter, Zahlzeichen und Zahlsysteme zu entwickeln. Dies vollzog sich, wie die Sprache, von Volk zu Volk verschieden. Manche Völker Australiens und Südafrikas haben das Zählen überhaupt nicht entwickelt und kommen mit der Unterscheidung von „Eins" und „Viele" aus. Aber wo es Zahlen gibt, sind sie überall dieselben, und 2 mal 2 ist überall 4.

Als Kinder mußten wir das Erbe übernehmen und haben das Zählen erlernt, wie wir die Muttersprache erlernt haben. Daher die Neigung zu der Meinung, wir hätten das Zählen durch Erfahrung oder durch Tradition gelernt. Aber wir können nichts anderes lernen, als was uns angeboren ist.

C. F. v. WEIZSÄCKER formulierte das so: „Gott hat gemacht, daß der Mensch die Zahlen schaffen konnte. Die Schöpfung ist frei nur in dem Sinne, daß der Mensch sie unterlassen könnte, aber nicht, daß er sie anderes machen könnte."

PLATO hat dies im Dialog „Menon" [5a] in klassischer Weise dargestellt. SOKRATES fragt dort aus einem völlig ungebildeten Sklaven die Gesetze der Geometrie heraus. Er schließt daraus, daß wir das Wissen um sie aus unserer vorgeburtlichen Existenz mitgebracht, aber vergessen haben, und daß das Lernen in einem Wieder-Erinnern besteht. Ersetzen wir die Vorstellung der individuellen vorgeburtlichen Existenz durch die des uns Angeborenen, so wird dieser Dialog auch für uns verständlich.

Über die Entstehung dieser Anlage und ihrer Ausgestaltung zum heutigen Zahlsystem möchte ich nachher noch etwas sagen, muß aber zunächst noch einige Begriffe und Unterscheidungen bereitstellen.

1.3. Ein Vergleich

Wir haben ein Organ für die Zahl, wie wir eins für die Farben haben. Wir empfinden einen Lichtreiz als grün, wenn die zugehörigen Zäpfchen der Netzhaut darauf ansprechen.

In der Außenwelt gibt es die grüne Farbe nicht, sondern nur elektromagnetische Schwingungen verschiedener Wellenlänge λ und verschiedener Amplitude $A(\lambda)$. Ein Lichtreiz ist dann eine Verteilung $A(\lambda)$. Solche Verteilungen gibt es unendlich viele. Das Auge faßt sie in Klassen zusammen und reagiert auf jeweils unendlich viele Verteilungen einer solchen Klasse in gleicher Weise, z. B. mit der Empfindung „grün". Wie diese Verteilungen $A(\lambda)$ in Klassen gebündelt werden, hängt von den jeweiligen Lebewesen ab. Nach den Beobachtungen von K. v. FRISCH bündeln die Bienen in anderer Weise als wir Menschen. Unter uns Menschen gibt es farbenblinde. In diesem Fall, dem der Farben, wissen wir etwas über die „wirkliche" Außenwelt, wissen etwas über die Bienen, die anders reagieren. Der Zahlensinn ist genau so ein Organ wie das Auge. Wenn wir etwas damit wahrnehmen, also wenn wir zählen, erfassen wir etwas Wirkliches von der Außenwelt, und zwar alle Menschen das Gleiche. Aber es ist sehr wahrscheinlich, daß wir dabei nicht nur über gewisse Feinstrukturen hinwegsehen, sondern daß uns ganze Dimensionen unzugänglich sind, für deren Erkennen unser Organ eben nicht ausreicht. Ähnlich ist es bei der Farbempfindung, wenn wir keinen Spektralapparat zu Hilfe haben. Leider haben wir bei der Zahlempfindung kein entsprechendes Meßinstrument, das von unserer Wahrnehmung unabhängig wäre, und keine Wesen, die anders zählen. Zweifellos werden die Lebewesen, die in der Evolution nach uns kommen, ein feineres Organ für kompliziertere Zahlsysteme haben und mitleidig auf unser primitives Zählen herabblicken.

1.4. Zählen bei den Tieren

Zählen nur wir Menschen?

Tiere, auch die höherentwickelten, zählen nicht. Zwar werde ich nachher von Vögeln zu berichten haben, die man zu einem gewissen Zählen dressiert hat. Die Anlage zum Zählen muß also vorhanden sein. Aber mir ist kein Fall bekannt, in dem ein wildlebendes Tier in seinem arteigenen Verhalten gezählt und nach dem Ergebnis sein Handeln eingerichtet hätte.

Ein Vogelpaar hat eine Anzahl von Jungen. Der Ornithologe wird sie zählen, aber offenbar zählen sie die Eltern nicht. Beim Füttern ist nichts davon zu bemerken, daß sie das vorhandene Futter nach der Zahl der Jungen einteilen, um es gerecht zu verteilen. Fällt eines aus dem Nest, so merken sie es nicht und suchen es nicht. Aber auch in der Evolution, die ja klüger ist als wir einzelnen Individuen, ist nichts davon zu bemerken, daß irgendwo eine bestimmte Zahl bei der Selektion einen Vorteil mit sich gebracht hätte.

So möchte ich meine These noch etwas präzisieren und behaupten:

Das Zählen ist eine spezifisch menschliche Verhaltensweise.

Die Beschäftigung mit dieser Verhaltensweise ist der Inhalt dieses Vortrags. Sie sehen jetzt schon, daß wir nur die natürlichen Zahlen 1—2—3... in den Blick bekommen, nicht aber etwa Brüche.

1.5. Zahl und Zweck

Ich präzisiere unsere These noch weiter und sage jetzt:

1. Das Zählen, und zwar das menschliche Zählen, ist eine menschliche Verhaltensweise. Es steht bei uns und unserem Entschluß, diese Verhaltensweise auszuüben. Es zählt nicht von selber, wie etwa die akustische Wahrnehmung von selber geschieht, sondern wir zählen bewußt und können es auch lassen. Wir zählen nur eine ganz kleine Auswahl dessen, was wir eigentlich zählen könnten, auch in unseren persönlichen Dingen. Wieviele Knöpfe hat unser Mantel? Wieviele Bilder hängen an der Wand unseres Zimmers?

2. Jede Verhaltensweise bedarf eines Auslösers. Bei Tieren ist dies in der Regel ein Reiz. Beim menschlichen Zählen ist es ein Zweck. Unser Zählen ist in jedem Fall Bestandteil einer komplexeren Handlung oder einer komplexeren Einsicht, zu der eben das Zählen notwendig ist.

Ich erwarte Gäste. Ich muß sie zählen, um die nötige Zahl von Gedecken bereitstellen zu können. Wenn ich z. B. eine Steh-Party gebe, brauche ich die Gäste nicht zu zählen und tue es auch nicht.

Freilich können wir unser Zählen, wie jede Verhaltensweise, auch ohne Zweck im Leerlauf vollziehen. Wer hätte nicht schon einmal die Tapetenblumen im Krankenzimmer gezählt?

3. Nach dem Zweck richtet es sich auch, was und wie gezählt wird. Wir denken uns eine Schale mit Tomaten. Einige sind faul, einige sind zusammengewachsen, von diesen wieder einige auseinandergeschnitten. Die Hausfrau, der Gärtner, der Botaniker wird beim Zählen je nach den verschiedenen Zwecken zu verschiedenen Anzahlen kommen.

Bei Gebrauchsgegenständen, die von anderen Menschen zu einem bestimmten Gebrauch hergestellt sind, wie etwa bei Tassen, ist der Zweck und daher auch die Anzahl eindeutig. Sehen wir vom Zweck ab, hört sofort auch die Eindeutigkeit der Anzahl auf. Zählen wir z. B. unter unsere Tassen auch eine zerbrochene Tasse mit? Nein, wenn wir den Tisch decken wollen. Ja, wenn sie Kunstwert hat und repariert werden kann.

So möchte ich jetzt als These formulieren:

Die Dinge an sich haben keine Anzahl. Zum Zählen gehört ein Zweck oder ein Sinnzusammenhang, nach dem sich die Zählung richtet. Erst eine Menge von Dingen und ein Zweck zusammen definieren eine Anzahl. Diesen Zweck setzt sich der Mensch.

1.6. Zwei Aspekte des Zählens bei Aristoteles

Das Zählen ist eine menschliche Verhaltensweise. Es ist dazu angelegt, daß wir uns in der Welt der Objekte zurechtfinden. Wir stoßen damit auf zwei

Aspekte des Zählens. ARISTOTELES [2b] unterscheidet sehr genau zwischen der „Zahl, mit der wir zählen", und „der gezählten Zahl". Er schreibt weiter: „Es ist ein und dieselbe Zahl in 100 Pferden und in 100 Menschen, aber das Gezählte ist verschieden, die Pferde und die Menschen."

Gehen wir zunächst auf den subjektiven Aspekt ein. Die Zahlen, mit denen wir zählen, haben kein objektives Sein, gehören also der Subjekt-Seite der Wirklichkeit an.

Wir sind gewohnt, das Subjektive abzuwerten. Wir stellen uns darunter oft etwas Vages, Unverbindliches vor, das von wechselnden Stimmungen und Meinungen abhängt. Daß das Subjektive sehr präzis und allgemeinverbindlich sein kann, zeigt die perspektivische Malerei der vergangenen Jahrhunderte. Der Maler malte die Welt, wie er sie subjektiv und perspektiv von seinem Standpunkt, also von dem Punkt, auf dem er stand, sah. Der Maler wußte, daß das eine Verzerrung der Wirklichkeit war: Entfernte Gegenstände erscheinen klein, nahe groß usw. Aber jeder andere Maler und die fotografische Platte zeigen vom selben Standpunkt aus dasselbe Bild. Ebenso wird der Maler zu einer anderen Zeit vom selben Standpunkt aus dasselbe Bild sehen.

Gerade das finden wir bei den Zahlen. Wenn zwei Menschen unabhängig voneinander dieselbe Menge zählen, oder wenn einer zu verschiedenen Zeiten dieselbe Menge zählt, erhalten sie dieselbe Anzahl. In der Zahl erscheint uns etwas, was von unserem persönlichen Subjekt nicht abhängt. Wir kennen es nicht; es ist von unserer menschlichen Zahl wohl so verschieden, wie die Amplitudenfunktion der elektromagnetischen Wellen von der Farbe oder wie das perspektive Bild von der räumlichen Wirklichkeit. Für unsere menschlichen Zwecke genügen indes die Zahlen.

Abgesehen von unserem menschlichen Zählen hat der Zahlbegriff keinen Sinn. ARISTOTELES schreibt [2c]: „Man könnte sich streiten, ob auch dann Zeit sei, wenn es kein Bewußtsein und keine Seele gäbe. Denn wo keiner zählen kann, kann auch nichts Abzählbares sein, folglich auch keine Zahl. Denn Zahl ist entweder das Gezählte oder das Abzählbare. Wenn man aber seinem Wesen nach nichts anderes zählen kann als die Seele und in ihr die Vernunft, dann kann auch unmöglich Zeit ohne Seele bestehen." (Aus dem Zusammenhang geht hervor, daß ARISTOTELES, wie auch später KANT, Zeit und Zahl in sehr enger Nachbarschaft sehen. Ich möchte mich hier nicht damit auseinandersetzen.)

Ein Kuckuck ruft im Wald. Wer seine Rufe hört, kann sie zählen. Aber ohne daß jemand gezählt hat, hat die Aussage keinen Sinn, der Kuckuck habe 25mal gerufen.

Um nicht mißverstanden zu werden: Der Kuckuck lebt, ob ich ihn sehe oder nicht. Die Grasmücke muß ja sein Ei ausbrüten. Seine Rufe schallen durch den Wald, ob ein Mensch sie hört oder nicht; zum mindesten die Frau

Kuckuck hört sie, aber sie zählt sie nicht. Nur daß der Kuckuck 25mal gerufen habe, hat ohne ein menschliches zählendes Subjekt keinen Sinn.

Dieser Satz wird manchem von Ihnen schwer eingehen. Das liegt daran, daß wir uns einen Wald, in dem wir selber nicht sind, schlechterdings nicht vorstellen können. Wenn wir — mühsam genug — den Versuch machen, uns als Beobachter wegzudenken, dann ist auf einmal auch die Frage nach der Anzahl der Kuckucksrufe sinnlos geworden.

Nun zum objektiven Aspekt: Jede unserer Tätigkeiten, also auch unser Zählen, zielt immer auf ein Objekt. Wir können uns unserer Fähigkeiten nur bewußt werden, wenn wir sie ausüben. So haben wir die Zahlen immer nur, indem wir zählen, und zwar etwas Bestimmtes zählen, seien es materielle Dinge oder Laute oder Bedeutungsträger, wie Striche in einer Strichliste. Ja wir können sogar die Zahlen selbst, also die Zahlwörter, zählen. Wir bekommen die Zahl 7 nur so, daß wir von 0 anfangend siebenmal die nächste Zahl aufsuchen. Darin unterscheiden sich die Zahlen von den Allgemeinbegriffen: diese kann man sich abstrakt vorstellen, die Zahlen nur an etwas Gezähltem, indem wir sie vollziehen. Die Zahl an sich, gesondert von den gezählten Dingen, als Abstraktum (kechorismenon), gibt es nicht. ARISTOTELES wird in den Büchern M und N seiner Metaphysik nicht müde, uns dies immer wieder einzuschärfen [2e]. Es ist in diesem System kein Platz für Zahlen als unwandelbare Ideen, von denen die gezählten Dinge durch Teilhabe eine Anzahl bekommen. Die Zahl hat keine ideale Existenz.

Für die Zahlen, wie sie sich in unserer Betrachtung darstellen, ist auch kein Platz in dem Cartesischen Dualismus von Subjektivem (res cogitans) und Objektivem (res extensa). Wenn wir die Wirklichkeit so auseinanderreißen wollen, zerrinnen uns die Zahlen unter den Händen. Weder beim Betrachten der menschlichen Fähigkeit des Zählens allein noch bei der Betrachtung der gezählten Dinge allein kriegen wir die Zahlen in den Griff. Sie erscheinen uns nur im Zählen von Objekten, die der Mensch in seiner Umgebung vorfindet, also in einer Wirklichkeit, in der Subjekt und Objekt unlöslich verwoben sind.

2. Kardinal- und Ordinalzahlen

2.1. Begriffe und Rechenregeln

Für die natürlichen Zahlen wollen wir uns jetzt die Unterschiede und die Verwebungen von Kardinal- und Ordinalzahlen, und zwar im mathematischen Sinne, zum Bewußtsein bringen.

Daß wir von allen möglichen endlichen Mengen die Anzahlen bestimmen können, ist trivial; dafür brauche ich keine Beispiele anzuführen. Die Zahlen, die wir dabei verwenden, heißen Anzahlen oder Kardinalzahlen, und ich möchte diesen Ausdruck gebrauchen, weil man ihn adjektivisch und adverbial verwenden kann. Mit den Kardinalzahlen *zählen* wir.

Wenn wir von Zahlen als solchen sprechen, denken wir immer an Kardinalzahlen. Aber wir verwenden die Zahlen ebensooft in einem anderen Sinn, nämlich als Ordnungszahlen oder Ordinalzahlen, und zwar zur Bezeichnung eines Objektes in einer wohlgeordneten Folge, z. B. für die Platznummern im Theater, die Tage des Monats, Indizes einer Folge usw. Wir meinen sie, wenn wir das Zahladjektiv „der fünfte" gebrauchen. Mit den Ordinalzahlen *numerieren* wir.

Es sei bemerkt, daß sich die sachliche Unterscheidung von Kardinal- und Ordinalzahlen mit der grammatischen nicht deckt. Für die Ordinalzahl verwenden wir oft, aber nicht immer, das Zahladjektiv „der fünfte", aber ebenso auch das Numerale. Bei einem Zitat „Seite 12 Zeile 16" sind 12 und 16 sachlich Ordinalzahlen.

Die Kardinalzahlen scheinen für unser Gefühl die Priorität zu haben. Wir sind eher geneigt, sie in der Außenwelt vorzufinden als die Ordnungszahlen; bei diesen haben wir deutlicher das Gefühl, selber eine Ordnung zu setzen. Für die Griechen hatte das Seiende die höchste ontologische Würde; mit den Kardinalzahlen zählen wir seiende Dinge. Für unser Denken hat mehr und mehr das Handeln den Vorrang; mit den Ordinalzahlen zählen wir die Wiederholungen einer Tätigkeit, nämlich eben des Zählens. Daher schieben sie sich mehr und mehr in den Vordergrund.

Kardinal- und Ordinalzahlen sind nicht Anwendungen desselben abstrakten Zahlbegriffes, sondern zwei wohlunterschiedene mathematische Zahlbegriffe, obwohl wir beide Zahlarten mit denselben Worten bezeichnen. Für die beiden Begriffe sind verschiedene Rechnungsarten angezeigt. Von den Kardinalzahlen können wir Summe und Produkt bilden. Die Addition von 1 ist mit einbegriffen, aber nicht besonders herausgehoben. Das hat für Ordinalzahlen keinen Sinn. Aber für sie haben wir die Nachfolgerelation φ: Zu jeder Ordinalzahl n gibt es genau einen Nachfolger $n' = \varphi(n)$. Das Prinzip der vollständigen Induktion handelt von Ordinalzahlen und erst im übertragenen Sinn von Kardinalzahlen. DEDEKIND, KRONECKER und HELMHOLTZ setzen daher auch die Ordinalzahlen an die Spitze ihrer Betrachtungen.

Weiter können wir bei Ordinalzahlen die Restklassen nach einem Modul m bilden. Man verabredet dabei nur, bei der Stelle m der Zahlenfolge von vorn zu beginnen. Bei Kardinalzahlen hat das keinen Sinn. Kinder begreifen die ordinalen Zahlen schneller als die Kardinalzahlen:

Da wollen z. B. 5 Kinder Abzählen spielen. Sie stellen sich im Kreis auf, so daß auf den 5. Platz wieder der 1. folgt, rechnen also mod 5. Sie zählen nach einem Reim: „Ich und Du, Müllers Kuh, Müllers Esel, das bist Du!"

Das sind 13 Silben. Diese Silben verwenden die Kinder rein als Ordnungszahlen; sie denken in keiner Weise an einen Müller oder eine Kuh. Sie zählen nun zweimal im Kreise herum, und die letzte Silbe „das bist *Du*“ kommt auf das 3. Kind. Die Kinder lösen also die Aufgabe $13 \equiv x \pmod 5$, $x < 5$, genau so, wie ein Zahlentheoretiker es täte. Das tun sie in der Pause, mühelos und spielend. Nachher in der Rechenstunde übt der Lehrer mit viel Geduld und Seufzen das Rechnen mit den Kardinalzahlen bis 10, und mit Mühe gelingt dann den Kindern die Lösung von $3 + 4 = x$.

Noch eine dritte Rechnungsart für Ordinalzahlen: Man kann sie substrahieren und erhält dann eine Kardinalzahl, aus der man sieht, wie weit die Ordinalzahlen auseinanderliegen. Ein Kongreß läuft vom 12.–20. eines Monats (ordinal). Er dauert also $(20 - 12 + 1) = 9$ Tage (kardinal). Jeder weiß, wie leicht man sich dabei verhaspelt.

2.2. *Zweigleisiges Zählen*

Es zeigt sich nun:

Wir brauchen die Ordinalzahlen, um eine Kardinalzahl, und die Kardinalzahlen, um eine Ordnungszahl zu beschreiben.

Wollen wir nämlich eine Menge von Dingen (kardinal) abzählen, so bringen wir sie in eine beliebige, aber bestimmte Ordnung, deuten auf diese Dinge in dieser Ordnung nacheinander und sagen dazu 1—2—3— ... Wir bilden also die Menge auf ein Stück der (ordinalen) Zahlenfolge ab. Wenn alle Dinge abgebildet sind, stellen wir dies in einem besonderen Akt der Feststellung fest und proklamieren die letzte verwendete Ordinalzahl als Kardinalzahl der Menge. Mein Enkel sah kürzlich Kerzen auf dem Tische und zählte 1—2—3—4, also 4. In diesem „Also 4“ konnte ich den Feststellungsakt unmittelbar miterleben. Mit ihm zählen wir (kardinal) die Zahlen.

Es ist nicht selbstverständlich, sondern für viele Kinder erstaunlich, daß die Anzahl von der gewählten Ordnung unabhängig ist. Das ist ein Satz, der bewiesen werden kann und muß.

Hier sieht man noch einmal ganz deutlich, daß das Zählen etwas Menschliches ist, das wir so in der Außenwelt nicht vorfinden. Eine Menge von Gegenständen, z. B. die Sterne eines Sternbildes, hat von Natur aus keine Anordnung. Wir Menschen müssen diese Anordnung erst willkürlich festlegen, ehe wir zählen können.

Andererseits brauchen wir die Kardinalzahlen, um die Ordinalzahl eines Gliedes der Zahlenfolge zu beschreiben. Wir stellen nämlich dazu die Kardinalzahl der Menge der vorangegangenen Glieder fest, und zwar mit dem oben beschriebenen Akt der Feststellung.

Wo diese Rückbesinnung auf die ganze Menge der vorangegangenen Glieder fehlt, verliert die Ordinalzahl ihre Funktion als Zahl und wird zu einer bloßen Bezeichnung. So ist es bei Telefon- und Autonummern oder auch etwa bei Papst JOHANNES XXIII. Nur Spezialisten wissen von den anderen 22 Päpsten, die im Mittelalter den Namen JOHANNES trugen. Infolgedessen ist „der 23." aus einer Ordnungszahl zu einem Bestandteil des Eigennamens geworden.

Ich schlage vor, dieses unser Zählen, das aus Ordinal- und Kardinalzahlen verwoben ist, das „zweigleisige Zählen" zu nennen.

Sehr gründlich und ausführlich hat L. BRUNSCHWICG [3b] die Zweigleisigkeit unseres Zählens geschildert.

J. PIAGET und A. SZEMINSKA haben die Entwicklung des Zahlbegriffes im Kindesalter in zahlreichen Gesprächen mit Kindern herausgearbeitet. Sie fanden, daß sich der Sinn für Kardinal- und für Ordinalzahlen in deutlich unterscheidbaren Weisen entwickelt. (Freilich fällt die begriffliche Unterscheidung von Kardinal- und Ordinalzahlen noch vielen Erwachsenen schwer.)

Dieses zweigleisige Zählen sei jetzt in einem Schema vor Augen geführt. Wir wollen dabei darauf achten, welche geistigen und seelischen Vermögen dabei ins Spiel kommen. Freilich führen wir logische und mathematische Operationen dabei aus. Aber wir brauchen noch den oben erwähnten Feststellungsakt sowie unser Langzeit- und Kurzzeit-Gedächtnis. Daß wir uns der Induktion bedienen, müssen wir hinnehmen.

Wir wollen zu jeder Zahl n die Ordinalzahl mit $\underline{n}$ bezeichnen und in einem Schema in die untere Reihe schreiben. Die zugehörige Kardinalzahl bezeichnen wir mit $\bar{n}$ und schreiben sie in die obere Reihe.

$$\boxed{\text{Gedächtnis } n}$$

$$\begin{array}{l} \bar{1}, \bar{2}, \ldots, \bar{n} \nearrow \\ \qquad\qquad \uparrow \\ \underline{1}, \underline{2}, \ldots, \underline{n} \rightarrow \underline{n}' \end{array}$$

Unser Zählen bewegt sich dann in einem Vierertakt voran: Wir mögen etwa eine Ordinalzahl $\underline{n}$ erreicht haben. In unserem Gedächtnis sei die Kardinalzahl $\overline{n-1}$ gespeichert.

1. Durch den Feststellungsakt verwandeln wir $\underline{n}$ in die zugehörige Kardinalzahl $\bar{n}$.

2. In unserem Gedächtnis löschen wir $\overline{n-1}$ und merken uns statt dessen $\bar{n}$.

3. Wir lenken unser Augenmerk auf die nächste Ordinalzahl $\underline{n}'$. Dies ist der einzige mathematische Akt in unserer Aufzählung.

4. Wir benennen oder bezeichnen sie (damit wir sie im nächsten 2. Schritt im Gedächtnis speichern können.)

Von diesen Akten ist nur der 3. ein mathematischer Akt. Der Feststellungsakt, das Speichern im Gedächtnis und das Benennen sind es nicht. Diese Akte können wir auch lassen und bekommen dann freilich nicht die Zahlenreihe, sondern eine ungezählte Wiederholung.

Weil dieses Zählen bei jedem Schritt auf der Reihe der Ordinalzahlen und auf der Reihe der Kardinalzahlen um 1 weiterschreitet, habe ich dieses Zählen das „zweigleisige" genannt. Daß es auch ein anderes gibt, davon nachher.

Zu Akt 2. Daß wir beim 2. Akt die Kardinalzahl $\bar{n}$ bis zum nächsten Schritt im Gedächtnis speichern müssen, bemerken wir nicht, wenn die Abstände zeitlich sehr kurz sind und unsere Aufmerksamkeit nicht abgelenkt wird, wie etwa bei den Kuckucksrufen. Werden die Zeitabstände unberechenbar lang, so können sich Fehler einschleichen. Denken wir etwa an die Tunnel einer tunnelreichen Eisenbahnstrecke, z. B. von Bad Schandau nach Sebnitz in der Sächsischen Schweiz. Will man die Tunnel zählen, so muß man sich immer wieder die Kardinalzahl der schon durchfahrenen Tunnel oft mehrere Minuten lang merken. Das gelingt nicht immer, und dann hat man sich eben verzählt.

Um 1640 schrieb ein Mathematiker BOURDIN an DESCARTES: „Ein Mann wachte in tiefer Nacht auf und hörte eine Glocke 4 Uhr schlagen. Er zählte 1—1—1—1 und rief: „Die Uhr ist verrückt. Sie hat viermal 1-Uhr geschlagen." Das klingt ziemlich närrisch, braucht es aber nicht zu sein. BOURDIN erwähnt leider nicht, wie lang die Pausen zwischen den Schlägen waren. Waren sie etwa 10 s oder länger, so hat der Mann nach vielleicht 9 s keinen Schlag mehr erwartet und den Feststellungsakt vollzogen: „Es ist 1 Uhr." Wenn dann die Glocke von neuem zu schlagen anfing, war es für ihn etwas Neues und hatte mit den verklungenen Schlägen nichts zu tun; die 4 Schläge empfand er nicht als einheitliches Geschehen." (Zitiert bei BRUNSCHWICG [3c]).

Zu Akt 4. Um die Kardinalzahl speichern zu können, brauchen wir das Zahlzeichen oder das Zahlwort. Manche Mathematiker meinen, daß die Zahlen weiter nichts seien, als diese Zeichen. Man kann manche Stellen bei HELMHOLTZ oder bei HILBERT so verstehen. So weit kann ich nicht gehen. Immerhin habe ich etwa die Zahl 12 nur in der Gestalt des Wortes „Zwölf" oder des Zeichens 12 gegenwärtig und merkbar, nicht etwa schon durch IIIIIIIIIIII. Das ist bei keinem anderen Gegenstandsbereich der Fall. Ein Stück Kreide oder den Begriff der Gerechtigkeit, ja sogar die Sinus-Funktion kann ich mir ohne Wort vergegenwärtigen, die Zahl 12 aber nicht. Das heißt aber logisch noch nicht, daß das Wort „Zwölf" die Zahl 12 sei.

G. CANTOR [5a] führt dieses viertaktige Voranschreiten etwas anders aus. Er beginnt mit der Menge $E_0 = \{e_0\}$ aus einem Element und mit der Kardinalzahl 1. Beim $(n - 1)$ten Schritt findet er eine Menge $E_{n-1} = \{e_0, \ldots, e_{n-1}\}$ von $\bar{n}$ Elementen vor. Es folgen wieder 2 Akte.

1. Er bildet die zugehörige Ordinalzahl $\bar{n}$, d. h., er reiht $\bar{n}$ in einem Einreihungsakt an n-ter Stelle in die Reihe der Ordinalzahlen ein.

2. Diese neue Ordinalzahl verwendet er als Index eines neuen Elementes e_n. Wir dürfen annehmen, daß es von allen Elementen von E_{n-1} verschieden ist. Dieses Element vereinigt er in einem Unionsakt mit E_{n-1} zu einer Menge $E_n = \{e_0, \ldots, e_n\}$ von $\overline{n+1}$ Elementen.

Auf die Akte 2 und 4 des früheren Vorgehens hat CANTOR kein Augenmerk gerichtet. Von den Akten 1 und 2 ist wieder nur der Unionsakt, nicht aber der Einreihungsakt ein mathematischer Akt. Er scheint mir ein wenig gewaltsamer als früher der Feststellungsakt, ist aber im wesentlichne seine Umkehrung. Die Analyse dieses Abschnittes wird dadurch erschwert, daß CANTOR das Wort „Ordinalzahl" nicht verwendet.

Trotzdem würde auch er nicht leugnen können, daß die Indizes einer Folge Ordinalzahlen sind, und daß er sie in der obigen Gedankenführung ganz wesentlich benutzt.

CANTOR betrachtete dies nicht als Definition der endlichen Zahlen; sondern es ging ihm um den Beweis, daß sie voneinander verschiedene Kardinalzahlen sind.

Diese Betrachtungen erwecken den Anschein, als könne man die Zahlen durch eine 2taktige Induktion einführen: Ordinalzahl $n \to$ Kardinalzahl $n \to$ Ordinalzahl n'. Dabei kommen mir aber Zweifel. Der Feststellungsakt ist ein freier Akt, und zum Begriff eines solchen gehört es, daß man ihn auch unterlassen und die Folge der Ordinalzahlen weiter abschnurren lassen könnte. Dazu muß man aber die Möglichkeit des unbeschränkten Weiterschreitens in der Zahlenfolge schon mitgedacht haben.

Wir können uns in der Tat eine Ordinalzahl nur als Glied einer Folge zwischen dem Vorgänger und dem Nachfolger denken, deren halbe Summe sie ist. Schon THEON von Smyrna oder NIKOMACHOS sprach das aus (zitiert bei STENZEL [16], S. 43), sicher als Wiedergabe eines viel älteren Gedankens.

Aber auch die Kardinalzahl n einer Menge erhält ihre Bestimmtheit erst durch die Abgrenzung „aber nicht $n + 1$". Man sieht das auch sprachlich: Wenn eine Kultur mit einer begrenzten Folge von Zahlwörtern auskommt, z. B. 10, dann heißt die Vokabel „Zehn" immer auch „alle" oder wenigstens „unbegrenzt viele". Dann ist eben „zehn" nicht scharf definiert (FROBENIUS [8]).

Auch im Deutschen sprechen wir von 1000 Scherben, in die die kostbare Vase zersprungen ist. WILHELM BUSCH läßt seine fromme Helene einen Brief schließen mit „10000 Küsse von Helene". Wenn A. DUMAS betonen will, daß es sich um genau 3 Musketiere handelt, dichtet er „Drei Musketiere, drei und nicht viere, ..."

2.3. *Intuitives Zählen*

Dieses zweigleisige Zählen ist bei großen Zahlen (etwa von 7 an) die einzige uns gegebene Möglichkeit. Aber bei kleinen Zahlen haben wir noch einen anderen Zugang.

Sehen Sie sich die 5 Sterne der Kassiopeia an! Mit einem Blick, ohne nachzuzählen, erfassen Sie, daß es 5 sind. Ebensowenig brauchen Sie nachzuzählen, wenn Sie eine Uhr 5 schlagen hören. Stellen Sie sich vor, Sie seien in ein Gespräch vertieft, währenddessen es 5 schlägt, und Sie hören gar nicht hin. Wenn Sie aber dann hinterher nach der Anzahl der Uhrenschläge befragt werden, können Sie die Schläge im Gedächtnis reproduzieren und dabei auch zählen.

Sie sind täglich die Stufen einer Treppe in Ihrem Hause hinaufgegangen. Ich nehme einmal an, es sind nicht allzu viele Stufen, vielleicht 4 oder 5. Sie haben sie wahrscheinlich niemals gezählt. Trotzdem würden Sie an der richtigen Stelle Halt machen, wenn Sie die Treppe einmal in stockfinsterer Nacht hinaufgehen müßten. Das heißt aber, daß Sie die Anzahl der Treppenstufen im Gefühl haben, ohne sie im Kopfe zu wissen.

Ich las einmal einen Bericht, wonach ein Mensch in Trance oder in Hypnose aufgefordert wurde, die Stufenzahl einer ihm bekannten Treppe anzugeben. Er sagte: „Ich steige eine Stufe hinauf, dann noch eine, noch eine“ usw. und nach der 13. Stufe: „Jetzt sind wir oben.“ Es war richtig, aber das Zahlwort 13 fand er noch immer nicht.

Im Märchen „Ali Baba und die 40 Räuber“ wird ein Mann mit verbundenen Augen zu einem bestimmten Hause geführt. Mit offenen Augen konnte er das Haus später nicht wiederfinden. Aber als ihm der Räuberhauptmann wieder die Augen verbunden hatte, konnte er aus dem Gedächtnis die einzelnen Schritte reproduzieren und das Haus bezeichnen.

Wir können also mit unseren Sinnen — Gesichts- oder Gehör- oder Bewegungssinn — unmittelbar eine Zahl wahrnehmen und im Gedächtnis speichern, ohne das bewußte zweigleisige Zählen ins Spiel zu bringen. Ich möchte diese Art des Zählens das „intuitive“ Zählen nennen.

Von diesem Tatbestand aus müssen wir unser Empfinden für Regelmäßigkeit und Symmetrie unterscheiden. Und zwar nur begrifflich unterscheiden, denn in der Wirklichkeit ist beides miteinander verflochten. Betrachten wir einmal eine Meißener Schale (Bild 1). Ihre Schönheit beruht zum Teil darauf, daß es gerade 5 Zacken sind, daß diese 5-Zahl betont ist und daß 5 eine Primzahl ist. Aber die 5-Zahl allein würde unser ästhetisches Empfinden noch nicht reizen, wenn in der Schale nicht eine 5 × 2gliedrige Gruppe von Symmetrien waltete. Beim Betrachten der Schale können wir die Anzahl von der Symmetriegruppe nur schwer trennen. Wir zählen dabei nicht zweigleisig, sondern intuitiv, und die Symmetrie erleichtert das Erfassen der 5.

Betrachten wir einmal eine Schneeflocke mit ihrer 6er Symmetrie (Bild 2). 6 ist keine Primzahl, und so wirkt die Schneeflocke zwar korrekter, aber die Meißener Schale hat mehr Schwung.

Bild 1

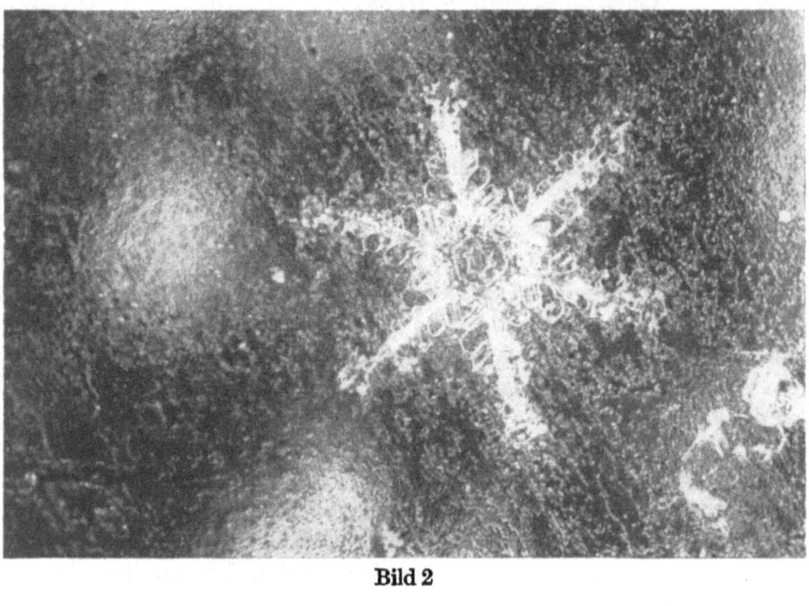

Bild 2

Bild 3

Oder betrachten wir die berühmte Rose des Straßburger Münsters mit ihren 16 Strahlen (Bild 3). Ihre Schönheit beruht nicht darauf, daß es gerade 16 Strahlen sind, denn so große Zahlen können wir intuitiv nicht erfassen, sondern auf der reichen und übersichtlichen Symmetriegruppe: sie läßt sich aufbauen aus lauter 2-Gruppen. Aber damit die Rose nicht allzu korrekt und fadengerade wirke, hat Meister Erwin in der Mitte und in den Zwickeln kleine Rosetten mit 5er Symmetrie eingesetzt.

Oder betrachten wir ein Oktaeder (Bild 4). Wieder macht seine reiche und reich gegliederte Symmetriegruppe einen ästhetischen Eindruck auf uns. Aber die Anzahl etwa der Ecken oder Seitenflächen oder gar der Symmetrien spielt dabei gar keine Rolle.

Oder betrachten wir einmal diese Schale aus dem Beginn des 5. Jahrtausends vor unserer Zeitrechnung (Bild 5); sie wurde unweit Mossul in Mesopotamien

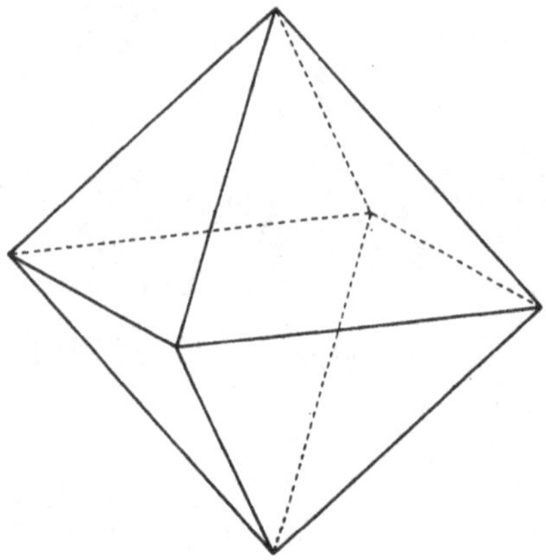

Bild 4

gefunden und lag bereits 2000 Jahre in der Erde, als die Sumerer ins Land kamen. Ihr innerer Ring hat 32 gelbe Blätter, ihr mittlerer 25 und ihr äußerer 36 gelbe und blaue Quadrate. Hier scheint es mir nicht wahrscheinlich, daß der Künstler gezählt hat, sondern er hat an einer Seite angefangen und Blatt neben Blatt gemalt, bis er eben herumkam.

Die intuitive und die zweigleisige Zahl begegnen uns bei wesentlich verschiedenen Gelegenheiten. Wo die eine ist, ist für die andere kein Platz, obwohl

Bild 5

sie beide denselben Namen tragen. Die intuitive Zahl erschließt sich unseren Sinnen, etwa der Anschauung. Wir nehmen sie wahr ohne unser Zutun. Ihr Sinn ist logisch nicht zu begründen. Die zweigleisige Zahl hingegen ist von aller Anschauung abstrahiert, sie bedarf zu ihrer Erschließung logischer Methoden und dient einem bewußten Zweck.

2.4. Platon und Aristoteles

Vielleicht fällt von hier aus auch ein Licht auf den Streit zwischen Platon und Aristoteles [2f] über das Wesen der Zahlen, ob und in welchem Sinne sie Ideen sind. Wir beachten dabei, daß *εἰδός* und *ἰδέα* den Nebensinn von „Gestalt" haben. Die Idee der Fünf, die „Fünfheit", wird in der Meißener Schale dargestellt. Ich vermute, daß es Ideen nur von intuitiven Zahlen gibt. Es ist klar, daß nicht allen unendlich vielen Zahlen ebenso unendlich viele Ideen entsprechen. Platon scheint (nach Aristoteles [2a]) erwogen zu haben, nur den Zahlen von 1 bis 10 Ideen entsprechen zu lassen, größeren aber nicht mehr. Wie wir soeben ein Bild der Fünfheit gesehen haben, können wir uns von den anderen kleinen Zahlheiten noch Bilder vorstellen, etwa von der Dreiheit in manchen Bauwerken des Barock (hier das Belvedere in

Bild 6

Wien) (Bild 6), von der Vierheit in den 4 Hauptrichtungen der Windrose oder von der Sechsheit im Davidsstern oder der Schneeflocke (Bild 7).

Wir bemerken dabei allerdings, daß die Ideenassoziation von Zahl zu Zahl schwieriger wird. Platon hat bei 10 die Grenze gesehen. Viele von uns hätten sie vermutlich früher, etwa bei der Siebenheit, gespürt.

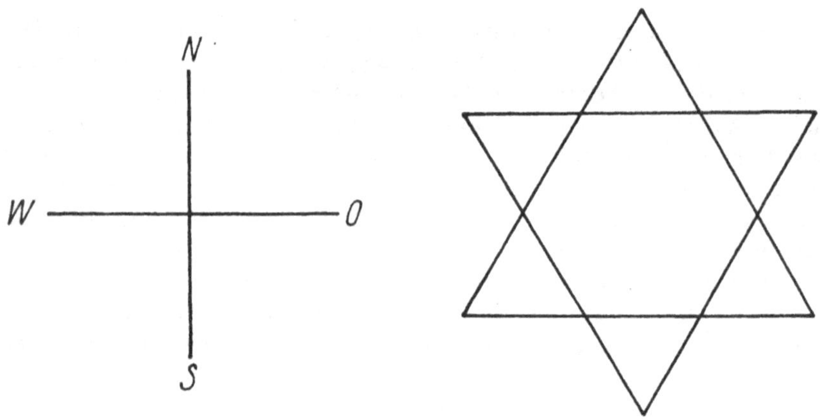

Bild 7

Nun müssen wir zugeben, daß wir mit den gestalteten Zahlen nicht rechnen, daß wir sie z. B. nicht addieren können. So sucht PLATON-SOKRATES im Phaidon [15c] zu verstehen, wie die Zehnheit aus der Achtheit und der Zweiheit entstehen könne.

ARISTOTELES will nun in seiner Kritik der homogenen Zahlenreihe, aus der später die zweigleisige Zahlenreihe erwuchs, zu ihrem Recht verhelfen. In seiner und unserer Zahlenfolge haben die ersten 10 Zahlen keinen anderen Rang als die übrigen. Vollends mußte ARISTOTELES darauf bestehen, daß alle Zahlen addierbar (συμβλητοί) seien. Sonst könnten wir sie nicht brauchen.

3. Das Ringen um einen logischen Aufbau der Zahlenlehre

Vor etwa 100 Jahren stand die mathematische und logische Begründung der Zahlenreihe für einige der bedeutendsten Zahlentheoretiker im Brennpunkt des Interesses.

3.1. Helmholtz

Er schreibt [9], S. 21: „Das Zählen ist ein Verfahren, welches darauf beruht, daß wir uns im Stande finden, die Reihenfolge, in der Bewußtseinsacte nach einander eingetreten sind, im Gedächtnis zu behalten."

Wenn wir bis 5 zählen, können wir die Akte 1—2—3—4 noch im Gedächtnis behalten. Doch wie steht es mit 23? Mir scheint, da verlangt HELMHOLTZ zu viel. Muß ich, wenn ich das heutige Datum (etwa der 23.) erfassen will, alle vorhergehenden Tage des betreffenden Monats im Kopfe haben? Genügt es nicht, zu wissen, daß gestern der 22. war, daß also (kardinal) 22 Tage des betreffenden Monats schon vorüber sind? Jedenfalls hebt HELMHOLTZ hier die Bedeutung des Gedächtnisses für die Zahlerkennung hervor. Im weiteren betont er auch die Rolle der Zahlbezeichnungen (Zahlwörter oder Zahlzeichen). Dadurch angeregt, habe ich oben die vier Takte unseres Zählens herauspräpariert.

3.2. Kronecker

Wer sonst nichts von KRONECKER weiß, kennt doch seinen Ausspruch: „Die ganzen Zahlen hat der liebe Gott gemacht, alles übrige ist Menschenwerk." Offenbar hatte er jedoch eine Scheu, dieses Wort und den Namen Gottes einem gefühllosen Publikum preiszugeben; er hat es nämlich nicht veröffentlicht. Aber zu viele Mathematiker haben das Wort bezeugt, als daß daran gezweifelt werden könnte.

H. WEBER [18] berichtet, KRONECKER habe das 1886 auf der Berliner Naturforscher-Versammlung gesagt. In den Sitzungsprotokollen ist jedoch von einem Vortrag von KRONECKER, außer den Eröffnungsworten, nichts zu finden. Wahrscheinlich hat er es einmal in der Diskussion nach einem Vortrag oder im vertrauten Kreise bei einem Glas Wein formuliert. Es trifft aber so genau seine Auffassung, daß es ein geflügeltes Wort geworden ist. Ehe jemand irgend etwas sonst von KRONECKER weiß, kennt er diesen Ausspruch.

Leider hat WEBER nichts über den Kontext gesagt, und da sind verschiedene Deutungen möglich und erlaubt, wenn man sie an KRONECKERS Gesamtwerk mißt. Erste Deutung: Die ganzen Zahlen haben eine höhere Würde, einen höheren Grad von Sein als die Irrationalzahlen. Nur was sich mit ganzen Zahlen darstellen läßt, ist ernste Mathematik. Alles Übrige ist müßiges Spiel.

Zweite Deutung: Die ganze Zahlen sind Grundgegebenheiten, die wir nicht weiter auf etwas noch Einfacheres zurückführen können; wir haben sie hinzunehmen. Uns bleibt als Menschenwerk die Aufgabe, darauf die Mathematik aufzubauen, zunächst die gebrochenen und die negativen Zahlen. So jedenfalls verfährt KRONECKER in [12].

In unserem Zusammenhang ist diese zweite Deutung von Belang.

3.3. Dedekind und Dedekindsche Zahlen

Ich möchte nun auf die berühmte Arbeit [6] von Dedekind etwas näher eingehen:

Dedekind geht von einer unendlichen Menge M aus. Sie ist als solche dadurch charakterisiert, daß sie eine äquivalente Abbildung φ auf eine echte Teilmenge M' gestattet. Es gibt also ein Element $1 \varepsilon M$, das nicht zu M' gehört. Es sei nun N die kleinste Teilmenge von M, die 1 enthält und für die $\varphi(N) \subseteqq N$ ist. Wir nennen $n' = \varphi(n)$ den Nachfolger von n. Dann hat N folgende drei Eigenschaften:

1. Jedes Element hat genau einen Nachfolger.
2. Jedes Element hat höchstens einen Vorgänger.
3. Es gibt genau ein Element, nämlich 1, das keinen Vorgänger hat.

Dedekind zeigt, daß die Menge N bis auf Isomorphie durch diese drei Eigenschaften eindeutig gekennzeichnet ist. Wir wollen die Elemente einer solchen Menge als *Dedekindsche Zahlen* bezeichnen. Geht man von einer beliebigen anderen unendlichen Menge M_1 und einer beliebigen anderen Abbildung von M_1 auf eine echte Teilmenge von M_1 aus, so erhält man wieder eine Menge N_1. Dedekind zeigt, daß $N \cong N_1$.

Dedekind zeigt, daß N durch φ wohlgeordnet ist, daß in ihr vollständige Induktion möglich ist und sich mit ihrer Hilfe Addition und Multiplikation einführen und alle Rechenregeln beweisen lassen. Schließlich führt er die Kardinalzahlen als Anfangsabschnitte der Menge ein. Er kann alle Sätze der Zahlentheorie beweisen, alle Aussagen, die für alle Zahlen gelten, alle Methoden entwickeln, die sich auf jede Zahl anwenden lassen. Die Menge M ist in jeder Hinsicht der Zahlenreihe isomorph; es besteht logisch und mathematisch kein Unterschied.

Dedekindsche Zahlen begegnen uns auf Schritt und Tritt. Beim Gehen tun wir einen Schritt nach dem andern in einer Dedekindschen Zahlenfolge. Ein Arzt ruft seine Patienten ins Sprechzimmer: „Der Nächste bitte“. Es gibt sie auch in der Tierwelt: Ein Kuckuck ruft im Walde, Ruf um Ruf; ein Jahr folgt dem andern (hierbei müssen wir allerdings willkürlich festsetzen, bei welchem Jahr die Folge beginnen soll). Ja, es gibt in der Natur sogar Eins—zu—eins-Abbildungen, wenn sich etwa die Folge der Jahre auf die Folge der Jahresringe eines Baumes oder auf die Sedimentschichten bei einer Salzablagerung abbildet.

Aber jeder von uns weiß um den Unterschied, ob wir einem Kuckuck nur zuhören und Ruf für Ruf wahrnehmen, oder ob wir seine Rufe zählen, im menschlichen Sinne mit unseren Zahlworten zählen. Wenn kein Mensch die Rufe eines bestimmten Kuckucksliedes gezählt hat, dann sind sie ungezählt verhallt, und es hat gar keinen Sinn, nach ihrer Anzahl zu fragen. Dieses Zählen ist eine eigentümlich menschliche Verhaltensweise, und wir wollen die uns bekannte und zur Verfügung stehende Zahlenfolge 1—2—3—4— ··· die „menschlichen Zahlen" nennen. Das fehlt noch bei DEDEKIND. Er ist da auf der halben Höhe des Berges stehengeblieben. Er bekommt nur die Zahlenfolge als ganze; die einzelnen Zahlen sind nur gleichartige Elemente dieser Folge. Aber die menschlichen Zahlen sind einmalig und unverwechselbar. Es ist da ein Unterschied zu den Punkten des Raumes. Diese sind gleichartig; durch eine geeignete Bewegung kann man jeden Punkt in jeden anderen überführen. Einen einzelnen Punkt kann man nur kennzeichnen, indem man daraufzeigt. Die Zahlenreihe hingegen gestattet keine Automorphismen. Schon in diesem Sinne sind die Zahlen unverwechselbar. Im übrigen haben die einzelnen Zahlen so viele zahlentheoretische Unterschiede: Teilbarkeit, Quadratzahlen und Quadratsummen, Darstellungen im Dezimal- und Dualsystem, daß man sie „kennt". Lassen Sie mich ruhig die mannigfachen Assoziationen erwähnen, die jeder von uns, und jeder andere, mit den einzelnen Zahlen verknüpft.

Um nun von der DEDEKINDschen Folge zu den einzelnen Zahlen zu kommen, gibt es, eben nach DEDEKIND, keine andere Möglichkeit als die Induktion. Aber was liefert sie uns denn? Man wendet φ ein erstes Mal auf die 1 an und erhält 2, ein zweites Mal und bekommt die 3, und so weiter, ein 16. Mal und bekommt die 17. Man muß also die Zahlen in aller Deutlichkeit schon haben, um die Zahlen nach seiner Methode herauszuarbeiten. Auf die Frage: „Was ist 17?" weiß DEDEKIND keine Antwort.

DEDEKIND selbst wußte das. In [6c], Punkt 131, S. 375 betrachtet er eine Verallgemeinerung seiner Konstruktion. Spezialisiert man seine Bezeichnungen wieder zu denen seines ersten Ansatzes (Punkt 71), so liest man: „... so ist die der Abbildung φ entsprechende Kette N zusammengesetzt aus 1 und allen durch Wiederholung entstandenen Bildern $\varphi^n(1)$." Und noch deutlicher steht in [6d], Punkt 134, S. 378: „... und hiernach ist die Zahl n selbst die n-te Zahl der Zahlenreihe N." DEDEKIND war ein viel zu scharfer Denker, um die Härte dieser Tautologie nicht zu empfinden. Aber er macht keinen Versuch, sie uns verständlich zu machen.

Daraus geht hervor, daß mit logischen und mathematischen Mitteln eben nur die DEDEKINDschen Zahlen zu erreichen sind. Mathematisch sind sie mit den menschlichen Zahlen in jeder Hinsicht isomorph. Das ist für einen Mathematiker eine harte Sache. Auf die Zahlen läßt sich die gesamte Mathematik zurückführen, und ausgerechnet hier ist die Logik allein nicht mehr zuständig.

Die Auffassung der Zahlen als eine homogene Folge, die zu den DEDEKINDschen Zahlen führt, durchzieht die ganze Geschichte der Mathematik. ARISTOTELES [2f] verteidigt sie gegen PLATON. LEIBNIZ (zitiert bei CANTOR [5d]) schreibt an THOMASIUS: „Numerum definio unum, et unum, et unum etc., seu unitates."

Dazu schreibt CANTOR [5d]: „Die Addition von Einsen kann aber niemals zur Definition einer Zahl dienen, weil nämlich die Hauptsache, nämlich wie oft die Einsen addiert werden sollen, nicht ohne die zu definierende Zahl selbst erfolgen kann. Dies beweist, daß die Zahl, durch einen einzigen Abstraktionsakt gewonnen, nur als organische Einheit von Einsen zu erklären ist.“

DEDEKIND meint in [6b], man könne die Zahlen mit Recht eine freie Schöpfung des menschlichen Geistes nennen. Er schreibt [6e]: „Ich möchte doch raten, unter der Zahl ... etwas Neues zu verstehen, was der Geist erschafft. Wir sind göttlichen Geschlechts und besitzen ohne Zweifel schöpferische Kraft nicht bloß in materiellen Dingen (Eisenbahnen, Telegraphen), sondern ganz besonders in geistigen Dingen.“

Ich kann dem nicht beipflichten. Freie Schöpfungen des menschlichen Geistes sind die DEDEKINDschen Zahlen und der DEDEKINDsche Schnitt — sie fanden ja auch Einwände. Aber die ganzen Zahlen? Sie sind ein Wunderwerk, und sie sind uns angeboren. Wir dürfen auf sie stolz sein, wie der Pfau auf seine Federn, und aus keinem anderen Grund.

3.4. Cantor

CANTOR setzte sich bewußt ab von der Definition der Zahlen durch Induktion, weil er den Zirkelschluß darin erkannte. Er schreibt dazu [5b]:
„... hiernach hebe ich zunächst hervor, daß jede endliche (ebenso wie jede transfinite) Kardinalzahl für sich eine durchaus *unabhängige* ideale Existenz und Stellung hat mit Bezug auf alle anderen Kardinalzahlen. Zur Bildung des Allgemeinbegriffs „fünf“ bedarf es *nur einer Menge* (z. B. der vollzähligen Finger meiner rechten Hand), welcher diese Kardinalzahl zukommt; der Abstraktionsakt mit Bezug auf die Beschaffenheit und Ordnung, in welcher diese wohlunterschiedenen Dinge mir entgegentreten, bewirkt oder vielmehr weckt in meinem Geiste den Begriff „fünf“. Es ist also die „fünf“ an und für sich unabhängig von der „vier“ oder „drei“ und von irgendwelcher anderen Zahl. Jede Zahl ist ihrem Wesen nach ein *einfacher* Begriff, in welchem eine Mannigfaltigkeit von Einsen organisch-einheitlich in spezieller Weise zusammengefaßt sind, so daß darin die verschiedenen Einsen sowie auch die aus ihrer teilweisen Zusammenfassung hervorgehenden Zahlen *virtuelle* Bestandteile sind.“

Wir spüren, daß wir damit sehr in die Nähe der intuitiven Zahlen und auch der Zahlen als platonische Ideen gekommen sind. Die Wendung „bewirkt oder vielmehr weckt“ erinnert unmittelbar an PLATONS Menon [15a]. Seine Darlegungen sind klar, wenn wir uns, wie er sich, seine Gedanken am Beispiel der Zahl 5 vorführen. Aber wie steht es mit höheren Zahlen, etwa 13?

CANTOR geht es bei seinen Gedanken gar nicht so sehr um die endlichen, sondern um die transfiniten Kardinalzahlen. Deshalb muß er zunächst definieren, was eine Zahl überhaupt ist, ohne die einzelnen Zahlen definieren zu wollen. Er schreibt [5a]: „Mächtigkeit "oder „Kardinalzahl" einer Menge M nennen wir den Allgemeinbegriff, welcher mit Hilfe unseres aktiven Denkvermögens dadurch aus der Menge M hervorgeht, daß von der Beschaffenheit ihrer verschiedenen Elemente und von der Ordnung ihres Gegebenseins abstrahiert wird ..." „Da aus jedem einzelnen Elemente, wenn man von seiner Beschaffenheit absieht, eine „Eins" wird, so ist die Kardinalzahl selbst eine bestimmte aus lauter Einsen zusammengesetzte Menge, die als intellektuelles Abbild oder Projektion der gegebenen Menge in unserem Geiste Existenz hat."

In diesem ersten Versuch betrachtet CANTOR hier nur die eine Menge M für sich, ohne Hinblick auf die dazu äquivalenten. ZERMELO hat darauf aufmerksam gemacht, daß bei diesem Prozeß alle Einsen einander gleich werden, daß also entgegen der Mengendefinition die Elemente nicht mehr wohlunterschieden sind. Wenn wir also die Vereinigungsmenge bilden, bekommen wir die Menge $\{1\}$, also in Worten: Da ist „etwas".

Den nächsten Schritt tat CANTOR [5c], als er alle Mengen heranzog, die zu M oder besser untereinander paarweise äquivalent sind. Er schreibt: „Unter der Mächtigkeit oder Kardinalzahl einer Menge M verstehe ich den Allgemeinbegriff oder Gattungsbegriff (universale), welchen man erhält, indem man bei der Menge sowohl von der Beschaffenheit ihrer Elemente wie auch von allen Beziehungen, welche die Elemente, sei es untereinander, sei es zu anderen Dingen, haben, also im besonderen von der Ordnung, welche unter den Elementen herrschen mag, abstrahiert und nur auf das reflektiert, was allen Mengen gemeinsam ist, die zu M äquivalent sind ..."

Er ersetzt also die Beschaffenheiten der Elemente nicht durch nichts, sondern durch die Beschaffenheit des entsprechenden Elementes in der äquivalenten Menge und erklärt sie eben damit für vorhanden, aber unwesentlich. Er nennt dann die Mächtigkeit dieser Mengen das, was allen gemeinsam ist.

Aber was soll das sein? Wenn wir schon wissen, was eine Anzahl ist, dann ist freilich die Anzahl das allen Äquivalenten Gemeinsame. Aber zur Definition der Anzahl kommen wir auf diesem Wege nicht.

In einem dritten Versuch bildet nun CANTOR [5e] den Allgemeinbegriff A (heute wohl die Klasse) aller dieser zueinander äquivalenten Mengen. Er nennt „Mächtigkeit" eines Inbegriffs oder eine Menge von Elementen (wobei letztere gleich- oder ungleichartig, einfach oder zusammengesetzt sein können) denjenigen Allgemeinbegriff, unter welchen alle Mengen, welche der gegebenen Menge äquivalent sind, und nur diese, fallen.

DEDEKIND schreibt dazu am 24. 1. 1888 an WEBER:

„Ich möchte doch raten, unter der Zahl (Anzahl, Cardinalzahl) lieber nicht die Classe (das System aller einander äquivalenter Systeme) selbst zu verstehen, sondern etwas Neues (dieser Classe entsprechendes), was der Geist *erschafft*

... Man wird vieles von der Classe sagen (z. B., daß sie ein System von unendlichvielen Elementen, nämlich allen äquivalenten Systemen, ist), was man der Zahl selbst doch gewiß höchst ungern (als Schwergewicht) anhängen würde. Denkt irgend Jemand daran, oder wird es nicht gern bald vergessen, daß die Zahl 4 ein System von unendlich vielen Elementen ist? (Daß aber die Zahl 4 das Kind der Zahl 3 und die Mutter der Zahl 5 ist, wird Jedem stets gegenwärtig bleiben)."

CANTOR weiß also auf die Frage: „Was ist sieben?" ebensowenig eine rationale Antwort zu geben wie DEDEKIND. Mir scheint aber, das will er auch gar nicht. Sondern er nimmt die einzelnen Zahlen als gegeben hin und fragt danach, was eine Zahl überhaupt ist; er fragt also, welche Beschaffenheit der Hügel Roms mit der Aussage gemeint ist, es seien 7.

Wie der Weg DEDEKINDS, so führt uns auch der Weg CANTORS zu der Einsicht, daß wir die Zahlen der Zahlenreihe rein logisch-mathematisch nicht in den Griff kriegen können.

Die Gegensatzpaare

Auf unserem Wege sind uns 4 Gegensatzpaare begegnet:

1. Die Zahl, mit der wir (subjektiv) zählen, und die Zahl der gezählten Objekte (1.6).

Das sind zwei Aspekte desselben Zählens.

2. Kardinal- und Ordinalzahlen (2.1). Zählen und numerieren sind zwei verschiedene Tätigkeiten.

3. Zweigleisige und intuitive Zahlen (2.2 und 2.3). Das sind zwei Weisen, die Zahlen zu erfassen.

4. DEDEKINDsche und menschliche Zahlen (3.3). Hier fragen wir nach verschiedenen Fähigkeiten unseres Geistes, das Zahlsystem aufzubauen. Wir finden hier keine sich ausschließenden Gegensätze, denn mit der Logik arbeiten wir in beiden Fällen. Bei der menschlichen Zahl hatten wir aber dann weitere Fähigkeiten zugelassen.

4. Die Evolution der Zahlen

4.1. Vorstufen

Ich möchte jetzt die Hypothese weiter verfolgen, daß das Zählen eine angeborene Verhaltensweise sei. Als erste liegt die Frage nahe, wie weit wir sie in unsere vormenschlichen Ahnenreihe zurückverfolgen können.

Über das Zählen bei Tieren hat O. KOEHLER [11] sehr aufschlußreiche Versuche gemacht. Ich möchte nur einige aus der großen Fülle hier anführen.

Versuch mit einem Kolkraben: (Bild 8, 9) Auf einem Musterblatt M sind n Farbflecke verschiedener Größe und Form. Darum herum stehen 5 zugedeckte Schälchen mit Fleischstückchen, und auf deren Deckeln finden sich Farbflecken verschiedener Anzahl. Der Rabe soll das Schälchen mit gerade n Farbflecken herausfinden und öffnen. Die Dressur gelang bis $n = 7$. KOEHLER hat Kontrollversuche bei Menschen gemacht. Die Menschen zeigten eine geringere Geschicklichkeit.

Oder ein Graupapagei wurde dressiert, nach n Flötenpfiffen das Schälchen mit n Farbflecken zu öffnen.

Noch raffinierter mit einer Elster (Bild 10). Er stellte in die vordere Reihe 7 zugedeckte mit einem oder keinem Köder darin, dahinter eine Reihe von zugedeckten Näpfchen mit verschiedenen Anzahlen von Farbflecken darauf. Die Elster mußte die 7 ersten Deckel öffnen und den Köder darunter fressen.

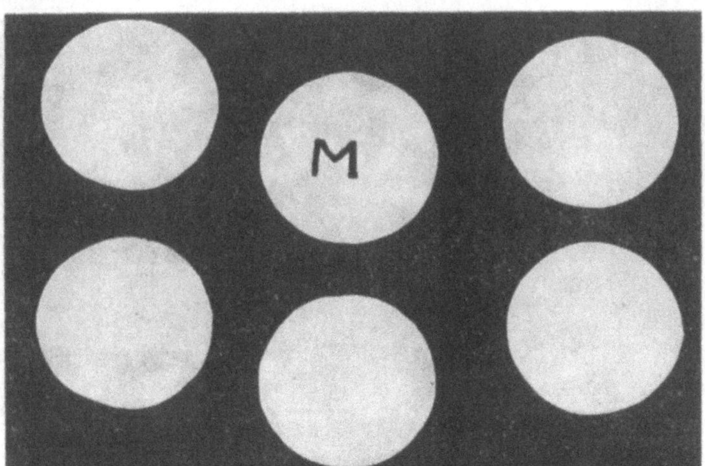

Bild 8

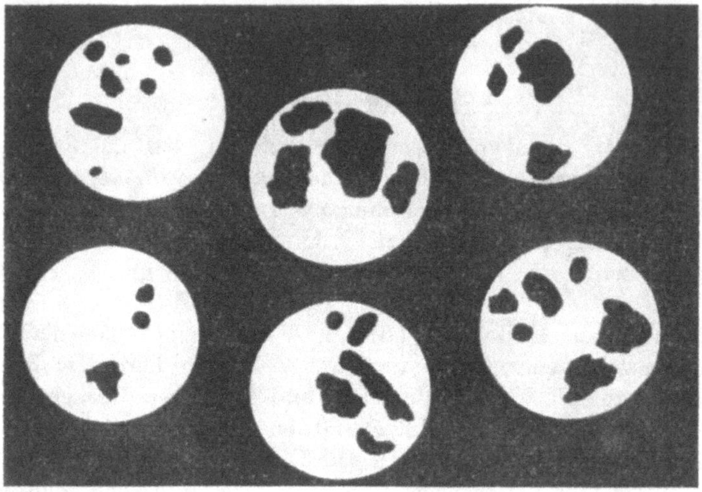

Bild 9

Hatte sie dabei in n Näpfchen etwas gefunden, so mußte sie in der hinteren Reihe das Schälchen mit n Farbflecken öffnen. Sie mußte sich also erinnern, wie oft sie in den vorderen Näpfchen etwas gefunden hatte. Der Vogel konnte also mit einem Blick oder einem Hinhören oder einem zusammenhängenden Freßerlebnis eine Kardinalzahl erfassen, ohne ordinal zu zählen. Ich hatte das intuitives Zählen genannt.

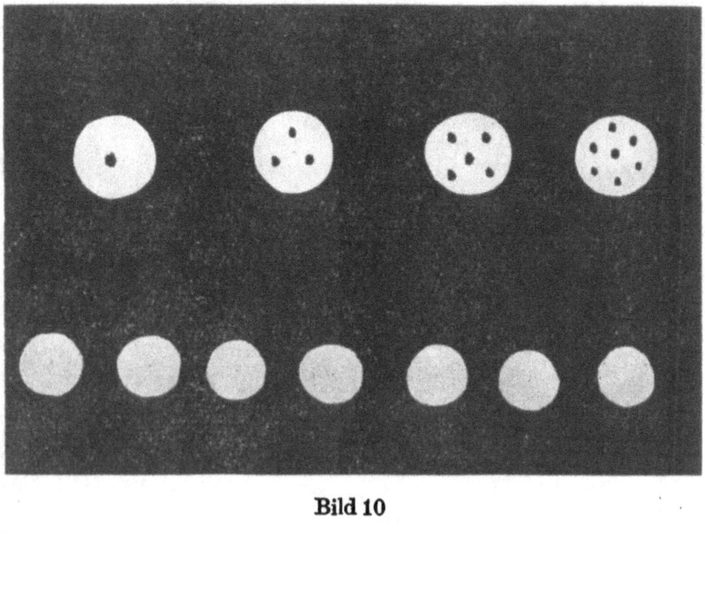

Bild 10

Koehler unterscheidet 3 Arten des Umgangs seiner Vögel mit den Zahlen:

1. Anzahlen simultan zu sehen, wie die der Farbflecken.
2. Anzahlen sukzessiv zu hören, wie die von Pfiffen einer Blockflöte.
3. Anzahlen sukzessiv abzuhandeln, etwa einen Mehlwurm nach dem andern zu verspeisen und dabei die Anzahl zu speichern.

Wie seine Versuche zeigen, sind die Vögel imstande, von einer Art zur andern zu transponieren, also bei der (simultanen) Ansicht von *n* Farbflecken *n* Mehlwürmer aus einer größeren Menge sukzessiv zu fressen, oder umgekehrt nach dem Fraß von *n* Mehlwürmern auf ein Schälchen mit *n* Farbflecken zuzugehen, ebenso *n* Flötenpfiffe in jede der anderen Arten zu transportieren.

Koehler nannte das ein *unbenanntes Zählen.* Er meinte, seinen Raben fehle zum vollständigen Zählen nur die Sprache, die Benennung, und führte Beispiele an, in denen auch wir oft eine Erkenntnis haben, ohne sie schon sprachlich formulieren zu können. Mir scheint, daß er da unser menschliches zweigleisiges Zählen mit der Verwebung von Kardinal- und Ordinalzahlen verkannt hat. Das können wir nämlich auch ohne Sprache, also unbenannt. Was die Raben können, ist hingegen genau das, was wir ein intuitives Zählen genannt haben. Es ist rein kardinal. Diese Entwicklung ist ein Seitenweg der Evolution. Wir Menschen sind darin über die Fähigkeit des Raben nicht hinausgewachsen. Wo die Raben bis 8 zählen können, bringen wir Menschen es bestenfalls auf 5. Unser Zählen hat sich nicht aus dem intuitiven Zählen entwickelt, sondern beruht auf ganz anderen Prinzipien und Erbanlagen.

Von unserem zweigleisigen menschlichen Zählen fehlt auch bei den höchstentwickelten Tieren, fehlt auch beim Neandertaler jede Spur.

Wie steht es nun mit der Ordinalzahl?

Dazu folgende Tatsache nach Brunschwicg [3a]: Ein australischer Volksstamm hat an Kardinalzahlen nur 1 und 2 (= viele). Aber die Kinder haben in jeder Familie der Reihe nach folgende Namen:

Söhne:	Töchter:
1. Kerlameru	Kerlanga
2. Warritya	Warriarto
3. Kudnutya	Kudnarto
4. Monaitya	Monarto
5. Milaitya	Milarto
6. Marrutya	Marruarto
7. Wangutya	Wanguarto
8. Ngarlaitya	Ngarlarto
9. Pouarna	

Das sind echte Ordinalzahlen, jedoch im Anwendungsbereich auf die Kinder der Familie eingeschränkt. Wir können sie getrost mit Primus, Secundus ... ins Lateinische übersetzen. Diese Australier und die Römer numerieren ihre Kinder. Warum eigentlich? Daß es auch die Römer, das juristischste aller Völker taten, könnte ein Fingerzeig sein: Diese Namen legen eine rechtliche Rangordnung fest. Eine Rangordnung finden wir aber bei fast allen sozial-lebenden höherentwickelten Tieren: Wölfen, Gänsen, Schimpansen usw. Bei Hühnern ist sie zuweilen nicht transitiv, da hackt A das B, B das C, C das A. Aber soviel ich weiß, ist dies bei höheren Tieren nicht mehr möglich. Wenn nun alle Tiere des Rudels oder wenigstens das α-Tier die ganze Rangliste weiß und danach handelt, haben wir die Ordinalzahl ohne die Kardinalzahl.

4.2. Die Fulguration

Da brachte vor etwa 50000 Jahren die Evolution den Menschen von Cro-Magnon hervor. Das war der letzte große Schritt durch Mutation der Gene. Diese Menschen sind unseresgleichen. Bald blüht die Malerei in den Höhlen von Altamira. Die handwerkliche Kunst der Feuersteinbearbeitung im Solutien leistet Erstaunliches. Wir können auf eine weitgestaffelte Arbeitsteilung, auf Handel und seine rechtliche Sicherung schließen.

Und dann hat der Mensch (ABSOLON [1]) vor etwa 30000 Jahren eine Zahl auf die Speiche eines Wolfes eingekerbt (Bild 11), 55 Kerben. Dies ist ordinal, weil 55 gleichartige Kerben nacheinander eingeschnitten sind, kardinal, weil es auf die Anzahl 55 ankommt. Was gezählt wurde, wissen wir nicht. Daß der Rechner einen Namen für die Zahl hatte, ist äußerst unwahrscheinlich. Er müßte ja für die völlig gleichartigen Kerben 55 verschiedene Worte gehabt haben.

Wenn sie keine Benennung hat, so würde sie KOEHLER noch unter die unbenannten Zahlen rechnen müssen.

Die Hypothese, daß wir die Zahl, unsere menschliche zweigleisige Zahl, in einem Mutationsschritt als Geschenk erhalten haben, scheint sich also zu bestätigen.

Wir haben gesehen, daß manche Tiere andere Zählorgane entwickelt haben. Und die Vermutung drängt sich auf, daß die Wesen, die in der Evolution nach uns kommen, wieder ein anderes und feineres Zählorgan haben werden.

Die menschliche Zahl entstand nicht aus dem Nichts, sondern dadurch, daß zwei vorhandene, aber getrennte Fähigkeiten sich plötzlich wie Schuß und Kette zu etwas Neuem so verwoben haben. Das ist eine Fulguration im Sinne von KONRAD LORENZ. Da haben wir einmal das intuitive Zählen als unbenutzte Anlage der Vögel, von deren arterhaltendem Wert wir nichts sagen

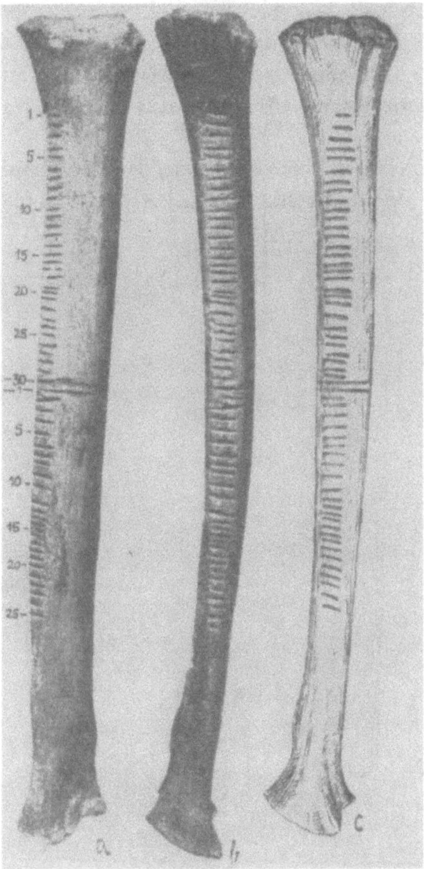

Bild 11

können. Nur durch künstliche, raffinierte Dressuren konnte man sie überhaupt aktivieren.

Zum anderen haben wir die wohlgeordnete Rangordnung bei soziallebenden Tieren, sicher stark mit Emotionen geladen. Die Menschen mußten die starre Rangordnung und diese Emotionen erst einmal abbauen, um die Erbanlage für ein leidenschaftsloses abstraktes Zählen verfügbar zu machen. Diese beiden Anlagen wurden durch die Mutation so verwoben, daß wir sie nur mit großer Anstrengung gedanklich voneinander trennen können. Wir können nur in Staunen und Bewunderung stehen vor einem solchen intelligenten und genialen Einfall der Evolution. Man ist versucht, hinter dieser

Intelligenz und Genialität einen persönlichen Schöpfer als ihren Träger zu suchen. Aber dazu liegt kein zwingender Grund vor.

Will man es nicht, muß man „die Evolution" auf den Thron Gottes setzen. Das sind aber theoretische und wie mir scheint unwichtige Unterscheidungen.

Jedenfalls fühle ich mich von Staunen, Bewunderung und Ehrfurcht vor diesem Wunderwerk der menschlichen Zahlen ergriffen.

LITERATUR

[1] Absolon, K.: Dokumente und Beweise der Fähigkeiten des fossilen Menschen zu zählen im mährischen Paläolithikum. Artibus Asiae **20** (1957), S. 123–150.

[2] Aristoteles:
a) Physik Buch III 6 206b32;
b) IV 12 220a;
c) 14 223a;
d) Metaphysik A 6 987b 4;
e) M 3 1077b–1078b;
f) M 6;
g) M 8 1084a.

[3] Brunschwicg, L.: Les étapes de la philosophie mathématique. Paris 1922.
a) Chap 1, Nr. 4, S. 9;
b) Chap 21, Sect. B, Nr. 294–297, S. 475–481;
c) S. 475.

[4] Buchholtz, Chr.,: Das Lernen bei Tieren. Stuttgart 1973.

[5] Cantor, G.: Beiträge zur Begründung der transfiniten Mengenlehre. Math. Ann. **46** (1895); Ges. Abh.
a) § 5, S. 289;
b) Mitteilungen zur Lehre von Transfiniten. Ges. Werke S. 378. Darin. Anm. S. 418;
c) S. 387;
d) S. 381;
e) Rezension der Schrift von G. Frege: „Die Grundlagen der Arithmetik". Ges. Abh., S. 441.

[6] Dedekind, R.: Was sind und was sollen die Zahlen. Ges. math. Werke, Bd. 3, S. 335–301.
a) § 14, Pkt. 161, S. 387;
b) § 6, Pkt. 73, S. 360;
c) § 9, Pkt. 131, S. 354;
d) § 10, Pkt. 134, S. 377;
e) Brief an H. Weber vom 24. Jan. 1888. Ges. math. Werke, S. 488–490.

[7] Dehn, M.: a) Raum, Zeit, Zahl bei Aristoteles, vom mathematischen Standpunkt aus. Scientia, Vol **LX**, Ann **XXX** (1936), S. 12–21, 69–74.
b) Besprechung von: „J. Stenzel, Zahl und Gestalt bei Platon und Aristoteles". Jahresber. DMV **34** (1925), S. 177.

[8] Frobenius, L.: Die Kulturformen Ozeaniens. Petermanns Mitt. 1900, S. 265.

[9] v. HELMHOLTZ, H.: Zählen und Messen. Philosophische Aufsätze. Eduard Zeller zu seinem fünfzigjährigen Doktor-Jubiläum gewidmet. Leipzig 1887, S. 21.

[10] HERBART: Psychologie als Wissenschaft. Königsberg 1824, Bd. 2.

[11] KOEHLER, O.: a) Zählversuche an einem Kolkraben und Vergleichsversuche an Menschen. Z. Tierpsychol. **5** (1943), S. 575—712 (bes. S. 615, 698).
b) Zählende Vögel und vorsprachliches Denken. Verh. D. Zool. Ges. (1949), Zool. Anz. Suppl. **13** (1950), S. 219—238.

[12] KRONECKER, L.: Über den Zahlbegriff. Philosophische Aufsätze. Eduard Zeller zu seinem fünfzigjährigen Doktor-Jubiläum gewidmet. Leipzig 1887, S. 263—274.

[13] MARTIN, G.: Klassische Ontologie der Zahl. Kantstudien, Ergänzungsheft 70, Köln 1956.

[14] PIAGET, J., und A. SZEMINSKA: Die Entwicklung des Zahlbegriffes beim Kinde. Stuttgart 1967.

[15] PLATON:
a) Menon;
b) Phaidon 19, 74c—75a;
c) Phaidon 49, Nr. 101a.

[16] STENZEL, J.: Zahl und Gestalt bei Platon und Aristoteles. Leipzig—Berlin 1933, III. 3.

[17] SEIDENBERG, A.: The ritual origin of Counting. Archive for history of exact sciences, Vol **2** (1962—1966).

[18] WEBER, H.: Nachruf auf L. Kronecker. Jahresber. DMV **2** (1891—1892), S. 19.

Band 113

Heft 1 Prof. Dr. ERICH LANGE, Allgemeingültige Veranschaulichung des II. Hauptsatzes
1978. 22 Seiten – 10 grafische Darstellungen – 8° – M 4,–

Heft 2 Prof. Dr. HERBERT BECKERT, Bemerkungen zur Theorie der Stabilität
1977. 19 Seiten – 8° – M 2,50

Heft 3 Prof. Dr. sc. KLAUS DÖRTER, Probleme und Erfahrungen bei der Entwicklung einer intensiven landwirtschaftlichen Produktion im Landschaftsschutzgebiet des Harzes
1978. 20 Seiten – 6 Abbildungen, davon 4 farbige auf 2 Tafeln – 2 Tabellen – 8° – M 7,–

Heft 4 Prof. Dr. sc. med. HANS DRISCHEL, Elektromagnetische Felder und Lebewesen
1978. 31 Seiten – 14 Abbildungen – 2 Tabellen – 8° – M 5,–

Heft 5 Prof. Dr. MANFRED GERSCH, Wachstum und Wachstumsregulatoren der Krebse. Biologische Erkenntnisse und generelle Erwägungen
1979. 32 Seiten – 13 Abbildungen – 1 Tabelle – 8° – M 6,–

Heft 6 Prof. Dr. rer. nat. FRIEDRICH WOLF / Dr rer nat. URSULA KOCH, Über den Einfluß der chemischen Struktur von Dispersionsfarbstoffen auf deren Dispersionsstabilität
1979. 18 Seiten – 3 Abbildungen – 10 Tabellen – 8° – M 3,50

Heft 7 Prof. Dr rer nat. FRIEDRICH WOLF / Dr. rer. nat. WOLFGANG HEYER, Zur Sorption an Tetracalciumaluminathydroxysalzen 1980. 12 Seiten – 5 Abbildungen – 4 Tabellen – 8° – M 2,–

Band 114

Heft 1 Prof. Dr. HASSO ESSBACH, Morphologisches zur orthologischen und pathologischen Differenzierung und zum Anpassungs- und Abwehrvermögen der menschlichen Placenta
1980. 19 Seiten – 12 Abbildungen – 8° – M 4,–

Heft 2 Prof. Dr med. WERNER RIES, Risikofaktoren des Alterns aus klinischer Sicht
1980. 19 Seiten – 9 Abbildungen, davon 1 Abbildung auf Tafel – 8° – M 4,–

Heft 3 Prof. Dr. OTT-HEINRICH KELLER, Anschaulichkeit und Eleganz beim Alexanderschen Dualitätssatz
1980. 19 Seiten – 8° – M 4,–

Heft 4 Prof. Dr. rer. nat. BENNO PARTHIER, Die cytologische Symbiose am Beispiel der Biogenese von Zellorganellen 1981. 29 Seiten – 16 Abbildungen – 2 Tabellen – 8° – M 6,–

Heft 5 Prof Dr F WOLF / Dr. S. ECKERT / Dr M. WEISE / Dr S. LINDAU, Untersuchungen zur Synthese und Anwendung bipolarer Ionenaustauschharze 1980. 12 Seiten – 6 Tabellen – 8° – M 2,–

Heft 6 Prof. Dr. med. HERBERT JORDAN, Balneobioklimatologie – Eine Zielstellung im Mensch-Umwelt-Konzept 1981. 25 Seiten – 8 Abbildungen – 1 Tabelle – 8° – M 4,–

Band 115

Heft 1 Prof. Dr rer. nat. HERMANN BERG, Wilhelm Ostwald – Erkenntnisse über die Biosphäre
1981. 36 Seiten – 7 Abbildungen – 3 Tabellen – 8° – M 6,–

Heft 2 Prof. Dr. sc. KLAUS DÖRTER, Aphorismen zur Qualität des Bewässerungswassers
1981. 31 Seiten – 11 Abbildungen – 11 Tabellen – 8° – M 6,–

Heft 3 Prof. Dr. Ing. Dr h. c. PAUL GÖRLICH, Die geschichtliche Entwicklung des wissenschaftlichen Gerätebaus und seine zukünftige Bedeutung 1981. 36 Seiten – 8° – M 6,–

Heft 4 Prof. Dr. WOLFGANG BUCHHEIM, Albert Einstein als Wegbereiter nachklassischer Physik
1981. 29 Seiten – 8° – M 4,–

Heft 5 Prof Dr -Ing. HERBERT KRUG, Die Technologie der Brikettierung von Weichbraunkohle im Lichte der Verfahrenstechnik und der besseren Nutzung dieses Energieträgers
1982. 20 Seiten – 13 Abbildungen – 8° – M 3,–

Heft 6 Prof. Dr. ERNST NEEF, Der Verlust der Anschaulichkeit in der Geographie und das Problem der Kulturlandschaft 1981. 34 Seiten – 8° – M 5,–

Band 116

Heft 1 Prof. Dr. Werner Ries, Studien zum biologischen Alter
1982. 27 Seiten – 10 Abbildungen – 8° – M 4,–

Heft 2 Prof. Dr. Rudolf Sachsenweger, Augenunabhängige optosensorische Wahrnehmungsformen
1983. 19 Seiten – 8° – M 4,–

Heft 3 Prof. Dr. Hans-Georg Schöpf, Die Griechen und die Natur 1983. 62 Seiten – 8° – M 8,–

Heft 4 Prof. Dr. Ing. Ján Benetin, Mathematisches Modell für das Wachstum von landwirtschaftlichen Kulturen und seine Verwertung in der quantitativen Beurteilung des Bewässerungseffektes auf die Steigerung der Ernteerträge 1983. 36 Seiten – 18 Abbildungen – 3 Tabellen – 8° – M 6,–

Heft 5 Prof. Dr. Hans Drischel †, Neues über die Pupille
1983. 30 Seiten – 26 Abbildungen – 8° – M 4,–

Heft 6 Prof. Dr. Benno Parthier, Der Beitrag der Molekularbiologie zur Evolutionserkenntnis
1983. 41 Seiten – 19 Abbildungen – 2 Tabellen – M 6,–

Heft 7 Prof. Dr. Adolf Watznauer, Die Rolle des Radons (Isotop ^{222}Rn) als Umweltfaktor – eine Übersicht
1983. 34 Seiten – 3 Abbildungen – 4 Tabellen – M 5,–

Band 117

Heft 1 Prof. Dr. sc. Klaus Dörter, Einige Aspekte zum landeskulturellen Nutzen des Meliorationswesens *In Vorbereitung*

Heft 2 Prof. Dr. Herbert Beckert, Nichtlineare Elastizitätstheorie *In Vorbereitung*

Heft 3 Prof. Dr. Herbert Jordan, Zur funktionellen Normalität des Menschen *In Vorbereitung*

Heft 4 Dr. Arnd Bernhardt, Beiträge zum Problemkreis des Landschaftswandels *In Vorbereitung*

Heft 5 Prof. Dr. Ott-Heinrich Keller, Das Zählen als angeborene Verhaltensweise *Vorliegendes Heft*

Heft 6 Prof. Dr Wolfgang Buchheim, Komplementarität nach Niels Bohr – physikgeschichtliche Episode oder universale Kategorie von Ergänzung? *In Vorbereitung*

Einzel- oder Fortsetzungsbestellungen durch eine Buchhandlung erbeten

Sitzungsberichte bis Band 108
durch das Zentralantiquariat der Deutschen Demokratischen Republik, Leipzig
ab Band 107 durch den Akademie-Verlag, Berlin, zum Teil noch lieferbar

AKADEMIE-VERLAG

DDR - 1086 Berlin, Leipziger Straße 3–4

MIX
Papier | Fördert gute Waldnutzung
FSC® C083411

Zeitfracht Medien GmbH
Ferdinand-Jühlke-Straße 7
99095 Erfurt, Deutschland
produktsicherheit@kolibri360.de